Ernst Probst

Die
Baalberger Kultur

Eine Kultur der Jungsteinzeit
vor etwa 4.300 bis 3.700 v. Chr.

Allen Prähistorikern und Prähistorikerinnen gewidmet,
die mich bei meinen Büchern über die Steinzeit unterstützt haben

Impressum:
Die Baalberger Kultur
1. Auflage als Print-Buch: Juni 2019
Autor: Ernst Probst
Im See 11, 55246 Mainz-Kostheim
Telefon: 06134/21152
E-Mail: ernst.probst (at) gmx.de
Herstellung: Amazon Distribution GmbH, Leipzig
Alle Rechte vorbehalten
ISBN: 978-1-074-77080-8

Schnitt durch den Grabhügel Schneiderberg in Baalberge
mit Grabungsmannschaft.
Foto: Aufnahme eines unbekannten Fotografen von 1901

Schneiderberg in Baalberge (Salzlandkreis) in Sachsen-Anhalt.
Foto: Einsamer Schütze / CC-BY-SA.3.0
(via Wikimedia Commons),
lizensiert unter Creative-Commons-Lizenz by-sa-3.0-de,
https://creativecommons.org/licenses/by-sa/3.0/legalcode

Vorwort

Mit einer Ausgrabung auf dem Schneiderberg in Baalberge (heute ein Stadtteil von Bernburg) in Sachsen-Anhalt begann 1901 die Entdeckungsgeschichte einer bis dahin unbekannten Kultur der Jungsteinzeit vor etwa 4.300 bis 3.700 v. Chr. Erzählt werden diese Geschichte sowie das Leben in jener Zeit in dem Taschenbuch „Die Baalberger Kultur" des Wiesbadener Wissenschaftsautors Ernst Probst, der 1991 das Buch „Deutschland in der Steinzeit" veröffentlicht hat. Die Baalberger Kultur war in den meisten Gebieten Mitteldeutschlands, in Mittelböhmen und im nördlichen Niederösterreich verbreitet. Bei Halle/Saale bauten sie eine Höhensiedlung mit einer mehr als 2 Kilometer langen Palisade, für die schätzungsweise 20.000 Bäume mit einem Durchmesser von 10 Zentimetern gefällt werden mussten. Die Baalberger Leute errichteten in Mitteldeutschland die ersten Steinkistengräber. Sie bestatteten ihre Toten zusammen mit Tongefäßen sowie teilweise mit Speisebeigaben für das Jenseits, Schmuckstücken aus Kupfer, steinernen Pfeilspitzen und ihren liebgewonnenen Hunden. Womöglich musste verstorbenen Häuptlingen eine bestimmte Anzahl von Menschen als Dienerschaft in den Tod folgen.

Tönerne Kanne der Baalberger Kultur
im „Staatlichen Museum für Vor- und Frühgeschichte", Berlin.
Foto: Einsamer Schütze / CC-BY-SA4.0
(via Wikimedia Commons),
lizensiert unter Creative-Commons-Lizenz by-sa-4.0-de,
https://creativecommons.org/licenses/by-sa/4.0/legalcode

Die Baalberger Kultur

In den meisten Gebieten Mitteldeutschlands, in Mittelböhmen und im nördlichen Niederösterreich war von etwa 4.300 bis 3.700 v. Chr. die Baalberger Kultur (auch Baalberge-Kultur genannt) heimisch. Sie gelangte mit Ausläufern sogar bis nach Brandenburg, Mecklenburg und Pommern. Als ihre Kennzeichen gelten Henkelkannen, Amphoren, Tassen, Trichterbecher und Trichterrandschalen.

Laut dem Buch „Deutschland in der Steinzeit" (1991) des Wiesbadener Wissenschaftsautors Ernst Probst behauptete sich die Baalberger Kultur von etwa 4.300 bis 3.700 v. Chr. Im Online-Lexikon „Wikipedia" dagegen ist von etwa 4.200 bis 3.100 v. Chr. die Rede (Stand Frühjahr 2019). „Wikipedia" zufolge war die Baalberger Kultur vom Harzvorland bis ins Thüringer Becken, mit dem Schwerpunkt Nordharz und unteres Saalegebiet, verbreitet. Manche Fundstellen liegen in Brandenburg und Mecklenburg-Vorpommern.

Die Baalberger Kultur gilt als Zweig der Trichterbecher-Kultur, weil zu ihrem keramischen Formenschatz auch der Trichterbecher als typisches Tongefäß gehört. In Mitteldeutschland trat sie die Nachfolge der Rössener Kultur (etwa 4.600–4.100 v. Chr.) an und existierte etwa sechs Jahrhunderte lang als östlicher Nachbar der nordwestdeutschen Trichterbecher-Kultur (etwa 4.300–3.000 v. Chr.), bevor sie von der Salzmünder Kultur (etwa 3.700–3.200 v. Chr.) abgelöst wurde.

Den ersten Hinweis auf die Baalberger Kultur lieferte 1925 der damals als Assistent an der „Landesanstalt für Vorgeschichte" in Halle/Saale wirkende schwedische Archäologe Nils Hermann Niklasson (1890–1966), als er in einer Publikation

Prähistoriker Paul Grimm (1907–1993).
Foto: Professor Dr. Paul Grimm

die „Kannen vom Baalberger Typus" und deren Begleitgefäße erwähnte. Niklasson war von 1915 bis 1929 Assistent an der „Landesanstalt für Vorgeschichte" in Halle/Saale, von 1929 bis 1956 Direktor des „Archäologischen Museums Göteborg" und gleichzeitig Privatdozent für Vorgeschichte an der „Universität Göteborg".

Der Gymnasiallehrer und Museumsdirektor Paul Kupka (1866–1949) aus Stendal bezeichnete 1922 und 1928 verschiedene Baalberger Gefäßtypen als „mitteldeutsche Pfahlbaukeramik". Er vermutete Beziehungen zur südwestdeutschen Pfahlbaukultur sowie zur Ganggrabkeramik bzw. Megalithkeramik. Solche Irrwege sind in der Archäologie kein Einzelfall.

1930 fasste der deutsche Prähistoriker Paul Grimm (1907–1993), der an der Landesanstalt in Halle/Saale ein Zimmernachbar von Niklasson gewesen war, in seiner Dissertation Gefäße dieser Art als „Baalberger Gruppe" zusammen. Von ihm stammt auch der heute übliche Begriff Baalberger Kultur, der nach einem Steinkistengrab auf dem Schneiderberg von Baalberge (Salzlandkreis) in Sachsen-Anhalt geprägt wurde.

Das Steinkistengrab auf dem Schneiderberg, einem Hügel in Baalberge, wurde 1901 bei einer Grabung des Bernburger Altertumsvereins entdeckt. Den Schneiderberg hatte der Ökonom Gottfried Hahndorf an die Gemeinde Baalberge übergeben. Die Ausgrabung erfolgte unter Leitung des Vereinsvorsitzenden Kommissionsrat Kälber und unter Aufsicht des Bautechnikers Grünwald. Es war ein Glücksfall, dass Kälber den Gymnasiallehrer a. D. und Museumsleiter von Wernigerode, Paul Höfer (1845–1914) für die Betreuung der Grabungsfunde gewinnen konnte.

Die Ausgrabung auf dem Schneiderberg wurde dadurch erschwert, dass sich darauf ein Vermessungspunkt befand, den

Ausgrabung des 2Bernburger Altertumsvereins"
auf dem Pohlsberg bei Latdorf
(heute ein Stadtteil von Bernburg) in Sachsen-Anhalt
durch Paul Höfer (1845–1914) im Jahre 1904.
Foto aus der „Jahresschrift für die Vorgeschichte
der sächsisch-thüringischen Länder", Band, 4, 1905

man nicht antasten durfte. Deswegen konnte der Schneiderberg nicht – wie ursprünglich vorgesehen – schichtweise abgetragen werden. Statt dessen legte man verschiedene Suchschnitte an, die den Hügel durchzogen. Dabei wurde klar, dass der Schneiderberg in verschiedenen ur- und frühgeschichtlichen Zeiten als Begräbnisplatz gedient hatte. Bereits nach kurzer Zeit hatte man mehrere Gräber aus der Jungsteinzeit und Bronzezeit freigelegt.

Großes Aufsehen erregte die Entdeckung eines aus Sandsteinen erbauten und mit einem 2,50 Meter langen Sandsteinblock abgedeckten zweiteiligen Großsteingrabes unter dem Osthang des Schneiderberges. Die Gemeinde Baalberge erhielt diesen Sandsteinblock und stellte ihn als Denkmal auf dem Platz vor der Kirche auf. Auf dem Sandsteinblock brachte man Bildnisse der Politiker Helmuth von Moltke, Otto von Bismarck und Kaiser Wilhelm II. an. 1951 wurde der Sandsteinblock mitsamt Anlage entfernt, wobei er angeblich zerbrach und verschwand. Als noch bedeutender erwies sich die Entdeckung eines weiteren Großsteingrabes im Zentrum des Schneiderberges. Weil sich der Vermessungspunkt genau über diesem Großsteingrab befand, schlug man mit schweren Schmiedehämmern ein Stück der Deckplatte ein, um in die Grabkammer zu gelangen. Darin stieß man neben Skelettresten auf zwei Tongefäße, die von den Ausgräbern scherzhaft als „Kaffeekanne" und „Milchtopf" bezeichnet wurden. Unter dem Westhang über dem Zentralgrab entdeckte man ein weiteres Steinkistengrab mit Tongefäßen der Schnurkeramischen Kulturen (etwa 2.800 bis 2.400 v. Chr.). Wegen der Lage der beiden Steinkistengräber vermutete Paul Höfer, dass die Kanne und die Tasse im Zentralgrab einer älteren keramischen Leitform angehörten. Irrtümlich ordnete er 1905 die Funde von Baalberge und die 1904 geborgenen vom Pohlsberg bei Latdorf

Tongefäße der Baalberger Kultur
im „Staatlichen Museum für Vor- und Frühgeschichte", Berlin.
Foto: Einsamer Schütze / CC-BY-SA4.0
(via Wikimedia Commons),
lizensiert unter Creative-Commons-Lizenz by-sa-4.0-de,
https://creativecommons.org/licenses/by-sa/4.0/legalcode

(heute ein Ortsteil von Nienburg/Saale) der damals schon bekannten Bernburger Kultur zu.

Nachdem man weitere ähnliche Tongefäße wie in Baalberge geborgen hatte, erkannte man etliche Jahre später, dass sich die Keramik aus dem Schneiderberg deutlich von der Bernburger Kultur unterschied. Die Ausgrabungen auf dem Schneiderberg von 1901 werden in der „Chronik der Gemeinde Baalberge" im Internet ausführlich in Wort und Bild geschildert. Die Baalberger Leute erreichten eine ähnliche Größe wie die Trichterbecher-Leute. In Sorsum (Kreis Hildesheim) wurden die Männer bis zu 1,73 Meter und die Frauen maximal 1,55 Meter groß. Unter welchen Krankheiten einige der Baalberger Leute litten, zeigten Untersuchungen der Skelettreste von 31 Menschen aus dem Ortsteil Zauschwitz von Weideroda (Kreis Leipziger Land) in Sachsen. Dort wurden eine einseitig vergrößerte rechte Augenhöhle, Abszesse und Knochenmarks-Erweiterungen sowie Vitaminmangel-Erkrankungen bzw. Mineralisationsstörungen der Knochen (in einem Fall mit Oberschenkelverkrümmung) nachgewiesen. Karies kam offenbar selten vor. Von 287 Zähnen waren nur drei – also rund ein Prozent – von Karies befallen. Eine Jugendliche aus Zauschwitz war mit einem Ungeborenen im Becken gestorben. An Skelettresten aus Stemmern (Kreis Börde) wurden Spuren entzündlicher Vorgänge in der Umgebung der Zahnwurzel-spitzen sowie entsprechende Hohlraumbildungen und Fisteler-öffnungen festgestellt.

Die Angehörigen dieser Kultur wohnten in Einzelgehöften in unbefestigten Siedlungen oder mit Graben, Wall und Palisaden geschützten Ansiedlungen, die mitunter auf Anhöhen errichtet wurden. Die Häuser waren klein bis mittelgroß und hatten einen rechteckigen bis quadratischen Hausgrundriss. In Gebäuden dieser Größe hatte nur eine einzige Familie mit etwa

Bischofsstatue an der Bischofswiese in der Dölauer Heide
bei Halle/ Saale.
Jwaller / CC-BY-SA3.0 (via Wikimedia Commons),
lizensiert unter Creative-Commons-Lizenz by sa-3.0,
https://creativecommons.org/ licenses/ by-sa/ 3.0/ legalcode

fünf Personen Platz. Von ehemaligen Siedlungen zeugen meist nur Vorrats- und Abfallgruben mit Hinterlassenschaften aus Ton, Stein und Knochen.

Zu den wehrhaftesten Siedlungen der Baalberger Kultur zählt jene auf der Hochfläche der Bischofswiese in der Dölauer Heide bei Halle/Saale in Sachsen-Anhalt. Lange Zeit gehörte die Bischofswiese dem Magdeburger Erzbistum, worauf ihr Name beruht. Die befestigte Siedlung war von einem 2,2 Kilometer langen, maximal 3,25 Meter tiefen und bis zu 5 Meter breiten Grabensystem umgeben. An dieses schloss sich ein Erdwall an, den man mit dem aus dem Graben stammenden Aushubmaterial aufgeschüttet hatte. In einem Abstand von etwa 4 bis 7 Metern hinter der Grabenkante folgte eine Palisade, die 0,80 bis 1,50 Meter tief in den Erdboden eingegraben worden war. Diese Befestigungsanlage umfriedete eine Fläche von etwa 25 Hektar. Es handelte sich um die größte befestigte Siedlung der Jungsteinzeit in Mitteldeutschland. Im Zentrum befanden sich keine Häuser, die freie Fläche diente offenbar dem Vieh als Weide. Am Nordostrand der Bischofswiese stand ein 20 Meter langes und maximal 8 Meter breites Haus, dessen Maße aus den Pfostenlöchern erschlossen wurden. Die Siedlung auf der Bischofswiese wurde ab 1962 durch den damals in Halle/Saale arbeitenden Prähistoriker Hermann Behrens ausgegraben.

Der Bau der befestigen Siedlung auf der Bischofswiese setzt nicht nur eine ungeheure Arbeitsleistung voraus, sondern auch eine durchdachte Arbeitsorganisation. Hermann Behrens berechnete, dass das Wehrsystem von zehn Männern in etwa drei Jahren hätte errichtet werden können. Für die 2,2 Kilometer lange Palisade mussten schätzungsweise 20.000 Bäume mit einem Durchmesser von 10 Zentimetern (oder 10.000 Bäume mit einem Durchmesser von 20 Zentimetern gefällt werden.

Erdal-Bilderreihe Nr. 116 Bild 1

Bau eines Großsteingrabes.
Zeichnung von Gerhard Beuthner (1867–nach 1935),
veröffentlicht in dem Erdal-Bilderbuch
„Aus Deutschlands Vorzeit" (1937)
von Erich Lissner (1902–1980)

Bis ein einziger, 10 Zentimeter dicker Baum fiel, vergingen etwa 10 Minuten, bei einem doppelt so dicken Baum etwa 20 Minuten. Demnach konnte man in 8 Stunden etwa 50 dünnere oder 25 dickere Bäume schlagen., was einer ungefähren Jahresleistung von 20.000 Bäumen entspricht. Ein weiteres Jahr veranschlagte Behrens für das Herrichten der Bäume als Pfosten im eigens dafür ausgehobenen Palisadengraben. Derartige Strapazen nahm man sicherlich nur in Kauf, wenn man sich bedroht fühlte.

Auch auf dem nur 16 Meter hohen Hutberg bei Wallendorf (Kreis Merseburg) in Sachsen-Anhalt wurde eine Siedlung der Baalberger Kultur erbaut. Auf dieser Landzunge zwischen Saale, Elster und Luppe siedelten später Angehörige anderer Kulturen. Vermutlich wurde die Baalberger Siedlung auf dem Hutberg wegen deren geschützter Lage erbaut. Die Siedlung auf dem Hutberg wurde 1938/1939 durch den Naturwissenschaftler und Priester Friedrich Benesch (1907–1991) aus Halle/Saale ausgegraben, dessen nationalsozialistische Vergangenheit 2004 bekannt wurde. 1956 folgte eine weitere Ausgrabung. Höhensiedlungen der Baalberger Kultur gab es auch in Böhmen (Muzsky, Slanska Hora).

Wie die nordwestdeutschen Trichterbecher-Leute gingen die Baalberger Leute gelegentlich mit Pfeil und Bogen auf die Jagd. In Siedlungsgruben oder -bestattungen fand man vereinzelte Wildtierknochen. Eine Grube in Alsleben (Salzlandkreis) in Sachsen-Anhalt enthielt einen Angelhaken, Schuppen, Gräten und Gebisse von Raubfischen wie Hecht, Wels und Flussbarsch sowie Birkhuhnreste. In einem Grab von Zörbig befanden sich drei Pfeilspitzen im Kopf/Rückenbereich des Toten. Im einem anderen Grab von Zörbig lag eine Pfeilspitze neben der linken Schulter und eine weitere über der Brust des Verstorbenen.

Grundlage der Ernährung der Baalberger Leute waren die Produkte von Ackerbau und Viehzucht. Im Verbreitungsgebiet der Baalberger Kultur wurden die Getreidearten Emmer, Einkorn, Zwergweizen und Gerste angebaut und geerntet. als Haustiere hielt man Rinder, Schafe, Ziegen, Schweine und Hunde. In einer Siedlungsgrube von Erfurt wurden stark zertrümmerte Küchenabfälle vom Rind, Schwein sowie vom Schaf oder der Ziege vorgefunden. Offenbar maß man vor allem dem Rind eine große Bedeutung zu, da man in den Gräbern oft Knochenreste von diesem Haustier fand. Die auffällig vielen Rinderreste an Fundstellen der Baalberger Kultur legen den Schluss nahe, dass diese Tiere nicht nur als lebender Fleischvorrat, sondern vielleicht auch als Zugtiere von Wagen dienten, wie dies in anderen Gegenden bereits üblich war. Nach den Grabfunden zu schließen, dürfte es in vielen Haushalten Hunde gegeben haben.

Die Baalberger Leute tauschten untereinander und mit den Angehörigen benachbarter Kulturen begehrte und seltene Produkte.

Am mittelböhmischen Fundort Makotrasy wurde ein fragmentarisch erhaltener Tontiegel mit Resten von Kupferschlacke entdeckt. Er beweist, dass die dort ansässigen Baalberger Leute bereits selbst Kupfererzeugnisse herstellten. Vielleicht hatten sie diese Fähigkeit von osteuropäischen Zeitgenossen aus rund 200 Kilometer Entfernung gelernt. Die Kupferfunde der Baalberger Kultur gehören zu den ältesten Nachweisen von Metall in der mitteldeutschen Jungsteinzeit. Kupferfunde kamen vor allem in Gräbern zum Vorschein. Dabei handelt es sich meist um Spiralröllchen oder Blechanhänger mit eingerolltem Ende (auch Blechzungen genannt). So entdeckte man in einem Kindergrab von Preußlitz (Salzlandkreis) in Sachsen-Anhalt kupferne Spiralröllchen und Blechzungen, die vielleicht zu einer Halskette gehörten. Reste von mindestens zwei Kupferspiralen, die vermutlich Teil einer Halskette waren, wurden in einem Grab von Bünde (Kreis Burg) östlich von Magdeburg geborgen. Und in einem Kindergrab von Unseburg (Kreis Staßfurt) in Sachsen-Anhalt fand man außer einem kupfernen Spiralröllchen auch einen Spiralarmring. Außer den seltenen kupfernen Spiralröllchen, Blechzungen und Armringen fertigte man Schmuck aus Bernstein, Knochen und durchbohrten Tierzähnen an.

Unter den Tongefäßen der Baalberger Kultur waren Amphoren mit zwei, vier oder mehr Henkeln, Henkelkannen und Trichterbecher die wichtigsten Formen. Sie gingen offenbar auf Vorbilder in Südosteuropa zurück. Die Trichterbecher der Baalberger Kultur besaßen ein langgestrecktes Unterteil und eine sich weit öffnende Trichtermündung. Bei den meisten dieser Gefäße gab es einen kleinen Henkel, vereinzelt auch vier Henkelösen. Außer den erwähnten Formen schuf man verschiedene Schalen sowie – wenngleich selten – runde Tonscheiben ähnlich den „Backtellern" der Michelsberger Kultur (etwa 4.300–3.500 v. Chr. und Näpfe mit Grifflappen (Schöpfer).

Die Baalberger Keramik wurde ganz selten verziert. Manche Amphoren und Trichterbecher verschönerte man mit eingestempelten, bandförmigen Ornamenten an Schulter und Rand bzw. Punktreihen am Rand.

Zum Gerätebestand der Baalberger Kultur gehörten kurze rundnackige Äxte und flache Beile aus Felsgestein, aus Knochen hergestellte Pfriemen, Meißel und Dolche sowie Geweihäxte. Die Beilklingen wurden an hölzernen Schäften befestigt, die als Griff dienten.

Bewaffnet waren die Baalberger Leute mit steinernen Streitäxten, die ebenfalls Holzgriffe hatten. Als Fernwaffe für die

Der Derfflinger Hügel am linken Ufer der Unstrut
bei Kalbsrieth (Kyffhäuserkreis) in Thüringen
wurde bereits im 19. Jahrhundert von Heimatforschern untersucht.
1901 erfolgte eine professionelle Grabung
des Archäologen Armin Möller (1865–1938), der 1912 darüber berichtete.
Der Grabhügel enthielt Bestattungen
der jungsteinzeitlichen Baalberger Kultur,
Kugelamphoren-Kultur, Schnurkeramischen Kulturen,
der frühbronzezeitlichen Aunjetitzer Kultur,
der späteisenzeitlichen Laténezeit,
Merowingerzeit (5. Jahrhundert bis 751)
sowie aus frühchristlicher Zeit.

Jagd oder den Kampf standen Pfeil und Bogen zur Verfügung.
Dies bezeugen Funde von Pfeilspitzen aus Feuerstein. Es gab
dreieckige Pfeilspitzen und trapezförmige Querschneider, die
besonders große Wunden verursachten.

Innerhalb der Baalberger Kultur gab es verschiedene Formen
der Bestattung. Man setzte die Toten in einfachen Erdgräbern
bei, aber auch in mit Hügeln überwölbten, mit Steinen
geschützten oder eingefassten Gräbern. Die Grabhügel, der
Steinschutz um das Grab und dessen Steineinfassung stellten
Neuerungen dar. Bei den Gräbern mit Steinschutz gab es mit
Platten errichtete Steinkistengräber, an denen ein „Seelenloch"
angebracht war, oder mit einer dicken Steinschicht überhäufte
Steinpackungsgräber. Die Steineinfassungen von Gräbern hatten
rechteckige, trapezförmige und runde Formen. In manchen
Gräbern stieß man auf Holzeinbauten.

Die meisten Verstorbenen wurden einzeln zur letzten Ruhe
gebettet. Ausnahmen von dieser Regel waren Doppel- und
Gruppenbestattungen mit Erwachsenen und Kindern besonders in Siedlungen. Man legte den Leichnam meist so nieder,
dass der Kopf nach Osten wies, die Füße nach Westen zeigten
und der Blick nach Norden gerichtet war. Nur bei wenigen
Bestattungen lag der Kopf im Westen mit Blickrichtung nach
Süden. Sowohl Männer als auch Frauen ruhten überwiegend
auf der rechten Seite, wobei die Beine zum Körper hin
angezogen waren. Es handelte sich um Hockerbestattungen.

Viele Verstorbene der Baalberger Kultur wurden einzeln in
einfachen, rechteckigen und relativ kleinen Erdgrubengräbern
bestattet. Häufig waren diese Erdgrubengräber weniger als
einen Meter tief, nur im Extremfall bis zu 2 Meter. Sie hatten
durchschnittlich eine Länge von 1,80 Meter und eine Breite
von 0,80 Meter. Manche Erdgräber hatten einen Holzeinbau

Tönerner Henkelnapf der Baalberger Kultur
aus dem Derfflinger Hügel bei Kalbsrieth in Thüringen.
Foto aus Armin Möller (1865–1938): Der Derfflinger Hügel
bei Kalbsrieth (Grossherzogtum Sachsen):
eine thüringische Nekropole aus dem Unstruttale
von der Steinzeit bis zur Einführung des Christentums benutzt"
(1912)

Tönerne Amphore der Baalberger Kultur
aus dem Derfflinger Hügel bei Kalbsrieth in Thüringen.
Foto aus Armin Möller (1865–1938): Der Derfflinger Hügel
bei Kalbsrieth (Grossherzogtum Sachsen):
eine thüringische Nekropole aus dem Unstruttale
von der Steinzeit bis zur Einführung des Christentums benutzt"
(1912)

(Freienbessingen), andere einen Holz-Steineinbau (Preußlitz, Wallwitz). In zwei Gräbern von Preußlitz fand man Hinweise auf Stroh- oder Schilfunterlagen für den Leichnam.

An etlichen Fundorten hat man mehr als 10 Menschen zur letzten Ruhe gebettet. Aus Döbris kennt man 11 Bestattungen, aus Unseburg 12, aus Bahrendorf 13, aus Werben 16, aus Wansleben 19 und auch Zauschwitz 31.

In der Regel hat man den Körper des Toten komplett bestattet. Man kennt jedoch einige vom Üblichen abweichende Befunde, die auf Teilbestattungen oder Reste von Kannibalenmahlzeiten hinweisen. Zwei mehr als 200 Meter voneinander entfernte Gruppenbestattungen der Baalberger Kultur von Wansleben (Kreis Eisleben) in Sachsen-Anhalt werden als Opferbestattungen gedeutet. In dem einen Grab wurden mindestens elf Menschen, darunter auch Kinder, zerstückelt und teilbestattet. Im anderen Grab hat man Schädelreste von mehr als fünf Menschen bestattet. Die Gruppen- und Doppelbe-stattung von Wansleben wurde 1971 durch den Heimatforscher Otto Marschall aus Eisleben ausgegraben.

Weitere Gruppenbestattungen fand man in Gehofen (Kyff-häuserkreis), Preußlitz (Salzlandkreis), Weißenfels (Burgen-landkreis) und in Wildschütz (Burgenlandkreis).

Die Gruppenbestattung von Gehofen wurde 1935 bei Aus-schachtungsarbeiten für ein Fernkabel entdeckt und durch den Tischlermeister und Heimatforscher Adolf Spengler (1869–1961) aus Sangerhausen untersucht. An diesen verdienstvollen Heimatforscher erinnert das „Spengler-Museum" in Sanger-hausen.

Die Gruppenbestattung von Preußlitz (Fundplatz Ilgenstein-scher Mühlberg) wurde im Herbst 1923 durch den Kapell-meister und Kreiskonservator Walther Götze (1879–1953) aus Köthen-Anhalt ausgegraben.

In Weißenfels sind Verstorbene innerhalb der Siedlung beerdigt worden. Dort fand man in insgesamt acht Gruben jeweils eine einzelne Hockerbestattung. Einmal lag der Tote auf einer dicht mit Tierknochen durchsetzten Schicht oberhalb einer ringförmigen Steinsetzung und einer dicken Brandschicht. Die Gruppenbestattung von Weißenfels wurde 1950 bei Ausgrabungen des Prähistorikers Hermann Behrens in einer Kiesgrube gefunden.

Die Steinkisten der Baalberger Kultur gelten als die ersten Gräber dieser Bauart für die mitteldeutsche Jungsteinzeit. Im 1901 noch 5,75 Meter hohen Grabhügel mit einem Durchmesser von 40 Metern in Baalberge befand sich als zentrale Bestattung ein auf der ursprünglichen Erdoberfläche errichtetes Steinkistengrab. Es hatte eine lichte Weite von 1,50 mal 0,80 Meter und war mit Steinplatten bedeckt. Später haben jungsteinzeitliche Schnurkeramiker und bronzezeitliche Aunjetitzer Leute in diesem Hügel ihre Toten begraben.

Unter dem Grabhügel Pohlsberg von Latdorf, einem Ortsteil von Nienburg/Saale (Salzlandkreis) in Sachsen-Anhalt, stieß man man im Herbst 1904 ebenfalls auf ein Steinkistengrab der Baalberger Kultur. Es war von einem 25 Meter langen sowie zwischen 4,25 und 6,45 Meter breiten trapezförmigen Hünenbett umgeben.

Eine Eigenart der Baalberger Kultur sind trapezförmige Grabeneinfassungen von Gräbern. Solche kennt man aus Bahrendorf, Erfurt, Queis, Stemmern, Unseburg, Werben und Zörbig. In Großbrembach bei Sömmerda in Thüringen wurde eine 10,80 mal 10,40 Meter große Gräbchenanlage der Baalberger Kultur entdeckt. Dort umschloss ein Gräbchen eine annähernd viereckige Anlage mit abgerundeten Ecken. Darin befanden sich zwei von Süden nach Norden ausgerichtete rechte Hockerbestattungen. Helle Bänder in der humosen Einfüllung

Bestattung einer 18-jährigen schwangeren Frau
der Baalberger Kultur aus Zauschwitz in Sachsen
im „Staatlichen Museum für Archäologie", Chemnitz.
Foto: Einsamer Schütze / CC-BY-SA4.0
(via Wikimedia Commons),
lizensiert unter Creative-Commons-Lizenz by-sa-4.0-de,
https://creativecommons.org/licenses/by-sa/4.0/legalcode

könnten von zufließenden Wasser verursacht worden sein. Auf eine ähnliche, jedoch trapezförmige Grabanlage mit den Maßen 19 mal 14,50 Meter stieß man 1974 auf dem Sommerberg bei Großbahner unweit von Erfurt. Seltenheiten sind Siedlungsbestattungen in Form runder oder ovaler Gruben mit Skeletten, Skelettresten und Siedlungsmaterial. Eine runde Grube dieser Art mit drei Skeletten kennt man aus Deuben-Wildschütz (Burgenlandkreis) in Sachsen-Anhalt. Mit dem Kult werden manche ungewöhnlichen Bestattungen in Verbindung gebracht. Hierzu gehören beispielsweise menschliche und tierische Skelettreste in einer Grube von Erfurt-Melchendorf in Thüringen sowie ein aufrechtstehender menschlicher Schädel zwischen zwei Sandsteinplatten und unter einer Deckplatte mit Rindergehörn von Wansleben (Kreis Mansfeld-Südharz) in Sachsen-Anhalt.

Als Beigaben für die Toten konnte man in den Gräbern der Baalberger Kultur meist ein Tongefäß, vereinzelt Feuerstein- oder Knochengeräte, Tierreste und Schmuck nachweisen. Aus Preußlitz (Salzlandkreis) kennt man zwei Gräber mit Holzgefäßen, aus Reichardswerben (Burgenlandkreis) ein Grab mit einem Holzgefäß. Wegen der geringen Größe der Gräber war oft wenig Platz für Beigaben.

Auffällig viele Tierreste kamen in den Siedlungsgruben von Weißenfels bei den erwähnten acht Hockerbestattungen zum Vorschein. Sie stammten vor allem vom Rind und vom Hund, seltener vom Schwein, Schaf und von der Ziege. Besonders viele Tierreste entdeckte man in der Grube 27 von Weißenfels, in der ein männlicher Toter, eine weibliche Tote in Bauchlage und zwei Kinder bestattet waren. Zusammen mit diesen Toten barg man 19 Rinderschädel, 10 Hundeskelette, einen Hundeschädel und weitere Knochen. Dieses Knochenmaterial stammte von mindestens 24 Rindern und 20 Hunden. Ähnliche Beobachtungen machte man auch im thüringischen Gehofen (Kyffhäuserkreis) in einem Grab mit zwei Männern und fünf Kindern. Darin entdeckte man auch sieben Hundeskelette sowie Knochen vom Wildpferd, Rind, der Ziege und vom Wildschwein. Zum Fundgut eines Grabes in Sangerhausen, das als Siedlungsbestattung gilt, gehören Reh-, Hirsch- und Wildpferdknochen.

In einer Grube von Siersleben (Kreis Mansfeld-Südharz) in Sachsen-Anhalt lagen neben menschlichen Skelettresten und Keramikfragmenten auch Eberzähne, Rinderknochen und -hornzapfen. In Döberitz bei Dallgow (Kreis Nauen) in Brandenburg fand man Tierknochen in zwei benachbarten länglichen Gruben, die außerdem Brandreste, Reste vermoderter organischer Substanzen, Feuersteinabsplisse und Keramik enthielten. Diese Befunde werden als Opfergruben der Baalberger Leute gedeutet.

Vermutlich sollten die Reste von geschlachteten Rindern oder anderen Haustieren den Bestatteten das Weiterleben im Jenseits erleichtern. In diesem Sinne könnte man auch die ungewöhnlichen Gruppenbestattungen der Baalberger Kultur so deuten, dass einem verstorbenen Häuptling eine bestimmte Anzahl von Menschen, ins Grab folgen musste, um ihm zu dienen. Gleiches galt vielleicht für die Hunde, auf deren Begleitung ein Verstorbener in der anderen Welt nicht verzichten wollte.

Während der Zeit der Baalberger Kultur war die megalithische Religion, die mit dem Bau von monumentalen Großsteingräbern (Megalithgräber) verbunden war, noch nicht bis nach Mitteleuropa vorgedrungen. Deshalb gab es im Verbreitungsgebiet dieser Kultur noch keine Megalithgräber. Abgesehen von den Bestattungssitten, die ein Teil des damals üblichen Kultes gewesen sind, weiß man wenig über die Religion der Baalberger Leute.

Funde aus verschiedener Zeit vom Grabhügel Schneiderberg
in Baalberge (Salzlandkreis) in Sachsen-Anhalt.
Bild aus „Jahresschrift für Mitteldeutsche Vorgeschichte" (1902)

Autor Ernst Probst.
Foto: Klaus Benz, Fotograf, Mainz-Laubenheim

Der Autor

Ernst Probst, geboren am 20. Januar 1946 in Neunburg vorm Wald im bayerischen Regierungsbezirk Oberpfalz, ist Journalist und Wissenschaftsautor. Er arbeitete von 1968 bis 1971 bei den „Nürnberger Nachrichten", von 1971 bis 1973 in der Zentralredaktion des „Ring Nordbayerischer Tageszeitungen" in Bayreuth und von 1973 bis 2001 bei der „Allgemeinen Zeitung", Mainz. In seiner Freizeit schrieb er Artikel für die „Frankfurter Allgemeine Zeitung", „Süddeutsche Zeitung", „Die Welt", „Frankfurter Rundschau", „Neue Zürcher Zeitung", „Tages-Anzeiger", Zürich, „Salzburger Nachrichten", „Die Zeit", „Rheinischer Merkur", „Deutsches Allgemeines Sonntagsblatt", „bild der wissenschaft", „kosmos", „Deutsche Presse-Agentur" (dpa), „Associated Press" (AP) und den „Deutschen Forschungsdienst" (df). Aus seiner Feder stammen die Bücher „Deutschland in der Urzeit" (1986), „Deutschland in der Steinzeit" (1991), „Rekorde der Urzeit" (1992), „Dinosaurier in Deutschland" (1993 zusammen mit Raymund Windolf) und „Deutschland in der Bronzezeit" (1996). Von 2001 bis 2006 betätigte sich Ernst Probst als Buchverleger sowie zeitweise als internationaler Fossilienhändler und Antiquitätenhändler. Insgesamt veröffentlichte er mehr als 300 Bücher, Taschenbücher, Broschüren und über 300 E-Books.

Bücher von Ernst Probst

(Auswahl)

Als Mainz im Meer lag
Als Mainz noch nicht am Rhein lag
Das Mammut- Mit Zeichnungen von Shuhei Tamura
Der Europäische Jaguar
Der Mosbacher Löwe. Die riesige Raubkatze aus
Wiesbaden
Der Rhein-Elefant. Das Schreckenstier von Eppelsheim
Der Ur-Rhein. Rheinhessen vor zehn Millionen Jahren
Deutschland im Eiszeitalter
Deutschland in der Frühbronzezeit
Deutschland in der Mittelbronzezeit
Deutschland in der Spätbronzezeit
Die Aunjetitzer Kultur in Deutschland
Die Straubinger Kultur in Deutschland
Die Singener Gruppe
Die Arbon-Kultur in Deutschland
Die Ries-Gruppe und die Neckar-Gruppe
Die Adlerberg-Kultur
Der Sögel-Wohlde-Kreis
Die nordische Bronzezeit in Deutschland
Die Hügelgräber-Kultur in Deutschland
Die ältere Bronzezeit in Nordrhein-Westfalen
Die Bronzezeit in der Lüneburger Heide
Die Stader Gruppe
Die Oldenburg-emsländische Gruppe
Die Urnenfelder-Kultur in Deutschland

Die Mittelsteinzeit in Rheinland-Pfalz
Die Mittelsteinzeit in Hessen
Die Mittelsteinzeit in Nordrhein-Westfalen
Die Mittelsteinzeit in Niedersachsen
Die Mittelsteinzeit in Thüringen, Sachsen-Anhalt, Sachsen
und im südlichen Brandenburg
Die Mittelsteinzeit in Schleswig-Holstein, Mecklenburg und
im nördlichen Brandenburg
Die ersten Bauern in Deutschland. Die
Linienbandkeramische Kultur (5.500 bis 4.900 v. Chr.)
Die Ertebölle-Ellerbek-Kultur. Eine Kultur der
Jungsteinzeit vor etwa 5.000 bis 4.300 v. Chr.
Die Stichbandkeramik. Eine Kultur der Jungsteinzeit vor
etwa 4.900 bis 4.500 v. Chr.
Die Oberlauterbacher Gruppe. Eine Kulturstufe der
Jungsteinzeit vor etwa 4.900 bis 4.500 v. Chr.
Die Hinkelstein-Gruppe. Eine Kulturstufe der Jungsteinzeit
vor etwa 4.900 bis 4.800 v. Chr.
Die Rössener Kultur. Eine Kultur der Jungsteinzeit vor
etwa 4.600 bis 4.300 v. Chr.
Die Kupferzeit. Wie die ersten Metalle in Mitteleuropa
bekannt wurden
Die Michelsberger Kultur. Eine Kultur der Jungsteinzeit vor
etwa 4.300 bis 3.500 v. Chr.
Das Rätsel der Großsteingräber. Die nordwestdeutsche
Trichterbecher-Kultur vor etwa 4.300 bis 3.000 v. Chr.
Die Baalberger Kultur. Eine Kultur der Jungsteinzeit vor
etwa 4.300 bis 3.700 v. Chr.
Pfahlbauten in Süddeutschland. Dörfer der Jungsteinzeit
und Bronzezeit an Seen, Mooren und Flüssen
Die Altheimer Kultur / Die Pollinger Gruppe. Zwei

Kulturen der Jungsteinzeit vor etwa 3.900 bis 3.500 v. Chr.

Die Salzmünder Kultur. Eine Kultur der Jungsteinzeit vor etwa 3.700 bis 3.200 v. Chr.

Die Chamer Gruppe. Eine Kulturstufe der Jungsteinzeit vor etwa 3.500 bis 2.800 v. Chr.

Die Wartberg-Kultur. Eine Kultur der Jungsteinzeit vor etwa 3.500 bis 2.800 v. Chr.

Die Walternienburg-Bernburger Kultur. Eine Kultur der Jungsteinzeit vor etwa 3.200 bis 2.800 v. Chr.

Die Kugelamphoren-Kultur. Eine Kultur der Jungsteinzeit vor etwa 3.100 bis 2.700 v. Chr.

Die Schnurkeramischen Kulturen. Kulturen der Jungsteinzeit von etwa 2.800 bis 2.400 v. Chr.

Die Einzelgrab-Kultur. Eine Kultur der Jungsteinzeit vor etwa 2.800 bis 2.300 v. Chr.

Die Schönfelder Kultur. Eine Kultur der Jungsteinzeit vor etwa 2.800 bis 2.200 v. Chr.

Die Glockenbecher-Kultur. Eine Kultur der Jungsteinzeit vor etwa 2.500 bis 2.200 v. Chr.

Die ersten Bauern in Österreich. Die Linienbandkeramische Kultur vor etwa 5.500 bis 4.900 v. Chr.

Die Lengyel-Kultur in Österreich. Eine Kultur der Jungsteinzeit vor etwa 4.900 bis 4.400 v. Chr.

Die Mondsee-Gruppe. Eine Kulturstufe der Jungsteinzeit vor etwa 3.700 bis 2.900 v. Chr.

Die Badener Kultur in Österreich. Eine Kultur der Jungsteinzeit vor etwa 3.600 bis 2.900 v. Chr.

Die ersten Pfahlbauten in der Schweiz. Die Anfänge der Pfahlbauforschung und die Egolzwiler Kultur

Die Cortaillod-Kultur. Eine Kultur der Jungsteinzeit vor

etwa 4.000 bis 3.500 v. Chr.
Die Pfyner Kultur in der Schweiz. Eine Kultur der
Jungsteinzeit vor etwa 4.000 bis 3.500 v. Chr.
Die Horgener Kultur in der Schweiz. Eine Kultur der
Jungsteinzeit vor etwa 3.500 bis 2.800 v. Chr.
Die Schnurkeramiker in der Schweiz. Eine Kultur der
Jungsteinzeit vor etwa 2.800 bis 2.400 v. Chr.